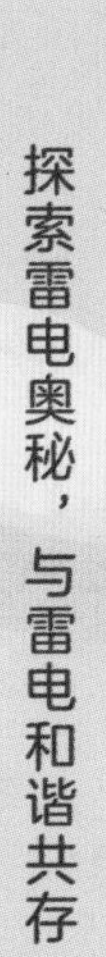
探索雷电奥秘，与雷电和谐共存

U0168858

国 家 电 网 公 司
电力科技著作出版项目

追雷记

户外雷电灾害避险指南

张秀春 谷山强 姚喜梅 章涵 等 编著

中国电力出版社
CHINA ELECTRIC POWER PRESS

图书在版编目（CIP）数据

追雷记：户外雷电灾害避险指南 / 张秀春等编著 .—北京：中国电力出版社，2024.3
ISBN 978-7-5198-8332-4

Ⅰ.①追… Ⅱ.①张… Ⅲ.①雷－灾害防治－指南②闪电－灾害防治－指南 Ⅳ.①P427.32-62

中国国家版本馆 CIP 数据核字（2023）第 225162 号

出版发行：中国电力出版社

地　　址：北京市东城区北京站西街 19 号（邮政编码 100005）

网　　址：http://www.cepp.sgcc.com.cn

责任编辑：赵　杨（010-63412287）

责任校对：黄　蓓　王海南

装帧设计：张俊霞　永诚天地

责任印制：石　雷

插画设计：YOWILL 意味飞行

印　　刷：北京盛通印刷股份有限公司

版　　次：2024 年 3 月第一版

印　　次：2024 年 3 月北京第一次印刷

开　　本：710 毫米 x 1000 毫米　16 开本

印　　张：6.75

字　　数：54 千字

定　　价：49.00 元

版 权 专 有　侵 权 必 究

本书如有印装质量问题，我社营销中心负责退换

编著人员

张秀春	谷山强	姚喜梅	章　涵
王天羿	李　健	李丰全	许　伟
刘　泽	王秀龙	蔡　力	孙建锋
许远根	严碧武	刘江钒	曹　伟
袁　月	郝胤博	李　路	吴心悦

序言

公元前 1500 年殷商甲骨文中出现了“雷”字，在年代稍晚的西周青铜器上发现了“电”字，这些指的都是雷电。在古代，雷电被奉为保佑一方的神灵，多惩罚暴君及恶人；直到近代雷电才被科学认识。关于雷电的大部分科学知识主要是 20 世纪以来所获得的，雷电从观测思辨发展为一门综合性、系统性的学科，涉及大气电学、雷电物理、高电压、电路、电磁场等专业知识。目前关于雷电的科普读物较少，而通俗易懂又与日常活动紧密结合的科普书籍则更为少见。《追雷记——户外雷电灾害避险指南》一书带领读者跟随雷电科学家们一起认识雷电、探寻雷电，在户外追雷的过程中感受雷电的威力，了解雷电的习性，掌握雷电灾害的防护方法。亲爱的读者们，你们愿意跟随追雷小分队一起开启探索雷电的奥秘之旅吗？

在开启旅程前，雷博士的科普讲座让我们明白了雷电的形成过程和危害源头；通过实地探访雷电实验室，我们认识了研究雷电的设备，掌握了户外雷电灾害防护注意事项；追雷之旅中，我们在汽车内、山区、露营时、水域等多种户外场景中学习雷电灾害避险常识。这些都能给读者带来一种近距离接触雷电的全新感受。

当然，没有一本科普书能回答所有的问题，在本书最后，小主人公李晓雷的心中还有很多“为什么”等待解答，他的探索欲被成功点燃。传递知识的同时启迪读者，这才是优秀科普读物的意义所在。作为一名长期从事雷电防护技术研究的科研人员，看到这样一本通俗有趣的雷电科普读物，我倍感欣慰，希望通过此书能让更多的人不再盲目畏惧雷电，面对雷暴天气时能做到科学有效的自我保护，与雷电和谐共存。

全国雷电防护标准化技术委员会主任委员
亚太雷电国际会议（常设组织）执委会主席
清华大学教授

2023 年 7 月 18 日

前言

雷电是自然界最为壮观的大气放电现象，其强大的电流、炙热的高温、猛烈的冲击波及强烈的电磁辐射等物理效应能够在瞬间产生巨大的破坏作用，常会对人类、动植物、建筑物及仪器设备等造成危害。据不完全统计，全世界每年有几千人死于雷击，我国每年因雷击造成的人员伤亡达 3000~4000 人，财产损失为 50 亿 ~100 亿元人民币，雷电灾害已经被联合国有关部门列为“最严重的 10 种自然灾害之一”。但是，公众对雷电灾害的严重性和防护方法知之甚少，近年来雷电灾害重大事故依然频繁出现。

为科学普及雷电基本知识，全面宣传户外雷电灾害避险常识，最大限度减少雷电带来的生命财产危害，全国雷电防护标准化技术委员会（SAC/TC 258）和国家能源雷电灾害监测预警与安全防护重点实验室组织相关专家成立编写组，参照 GB/Z 33586《降低户外雷击风险的安全措施》相关内容并结合我国实际，编制科普图书《追雷记——户外雷电灾害避险指南》。衷心希望本书的出版能助力公众平安出行，提高应急避险能力，从容应对雷电灾害风险。

编者

2023 年 7 月 1 日

人物介绍

CHARACTER INTRODUCTION

李晓雷

五年级二班男同学

拥有积极探索和勇于求真的精神

性格特征：思维活跃、求知欲旺盛

雷博士

雷电实验室负责人

拥有博士的睿智博学，幽默又不失风趣

性格特征：思维缜密、平易近人

叶雨宁

五年级二班女同学

有些胆小，但敢于挑战自我

性格特征：文静、内敛、谨慎

关磊

雷电实验室工程师

擅长雷电活动观测分析，追雷活动主力

性格特征：逻辑严谨、憨实 、乐观

安老师

五年级科学课教师

乐于带领学生感受大自然的科学魅力

性格特征：善解人意、有责任感

目录
CONTENTS

01 追雷博士科普讲座

本章以追雷博士走进学校开展科普宣传为引子，通过博士讲座和提问互动的方式，重点介绍雷电基本知识，主要包括雷电是什么、雷电是如何产生的、雷电有哪些危害。

我是李晓雷，今天是学校一年一度的拔河比赛，我们五年级二班过五关、斩六将，终于挺进了总决赛。闷热的空气中回荡着大伙儿的加油声、口号声，比赛接近尾声，难分胜负。突然，不远处传来了轰隆隆的雷鸣声。

同学们，要打雷了，快躲进教室！

初夏的暴风雨说来就来，我们刚回到教室坐下，一声霹雳巨响划破长空，好像就降落在教室的窗外。

你说为什么打雷后会下雨呢？
我猜，是雷电把云朵里的雨滴“炸出来的吧？这霹雳声可太吓人了！

原来，雷电的危害这么大啊，还会伤害无辜的人类，我们该怎么保护自己呢？
村民遭遇雷击，一死三伤
*县村民油菜地里收割菜籽时遭遇雷击，一死三伤
击事件，导致在油菜地收割菜籽的村民一死三伤，事发后伤者已及时送医救治，目前生命体征平稳，

五年级二班
安老师！安老师！
您知道雷电到底是从哪里来的吗？
雷电为什么会有那么大的威力呢？
就喜欢你这种求知欲，我正准备周五请雷电专家来给我们讲课呢，他一定能给你专业的解答。

13
星期五
同学们好，我是经常与雷电亲密接触的追雷人，大家都叫我雷博士，今天想跟同学们聊聊雷电。
小朋友们，你们觉得雷电是怎么产生的呢？
雷博士，听我奶奶说，天上有雷公电母，他们发脾气或者吵架时就会出现电闪雷鸣。

我们的祖先确实是这样认为的，在东西方的远古神话中，雷电被塑造成多种多样的神秘力量。随着近代科学的发展，科学家才逐渐揭开了雷电的神秘面纱。雷电，有时也被称为闪电，它是一种大气中的强烈放电现象，那大家认为这个电是从哪里来的呢？
雷神
难道大气中还藏着可以放电的电池吗？
雷公电母

雷电是怎样产生的？

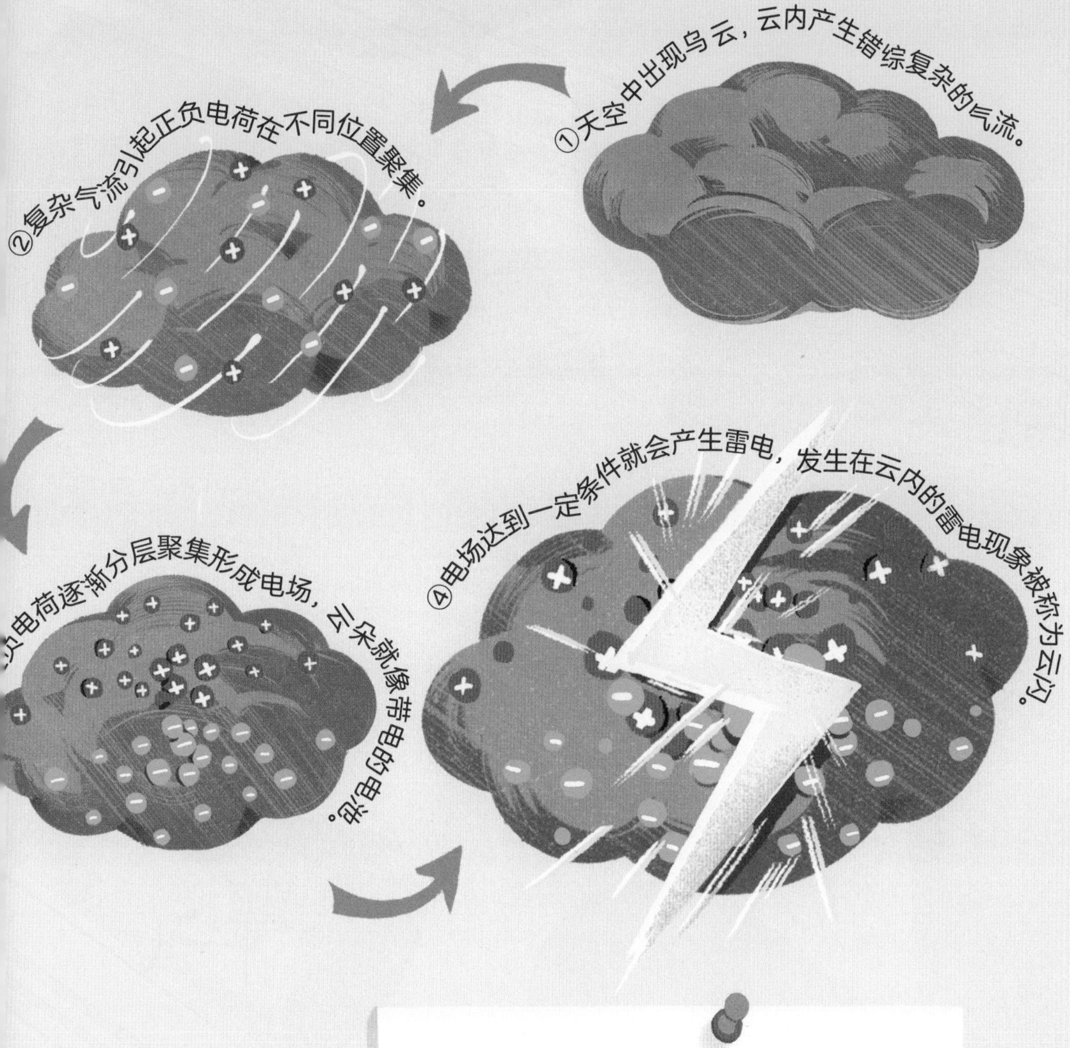

①天空中出现乌云，云内产生错综复杂的气流。

②复杂气流引起正负电荷在不同位置聚集。

负电荷逐渐分层聚集形成电场，云朵就像带电的电池。

④电场达到一定条件就会产生雷电，发生在云内的雷电现象被称为云闪。

云闪是指不与大地或地面物体发生接触的放电过程。自然界中大约三分之二的雷电是云闪。根据发生的位置不同，雷电可分为云闪和地闪两类。

原来如此，可云朵离我们那么远，电荷怎么会跑到我们身边来呢？难道云朵那块大电池像孙悟空的金箍棒一样可以变长变大，然后插入地面吗？

这位同学一定是孙悟空的粉丝吧！虽然云朵的形状千变万化，但它却没法跟地面直接相连。真正连接云朵和地面的是电荷，云朵内的电荷很不安分，它们会选择障碍最小的道路往外探索，就像树根一样从云朵内快速伸展，直至与地面连通，这就是对地面物体影响较大的地闪。

地闪是指带电云团与大地或地面物体之间的放电过程。

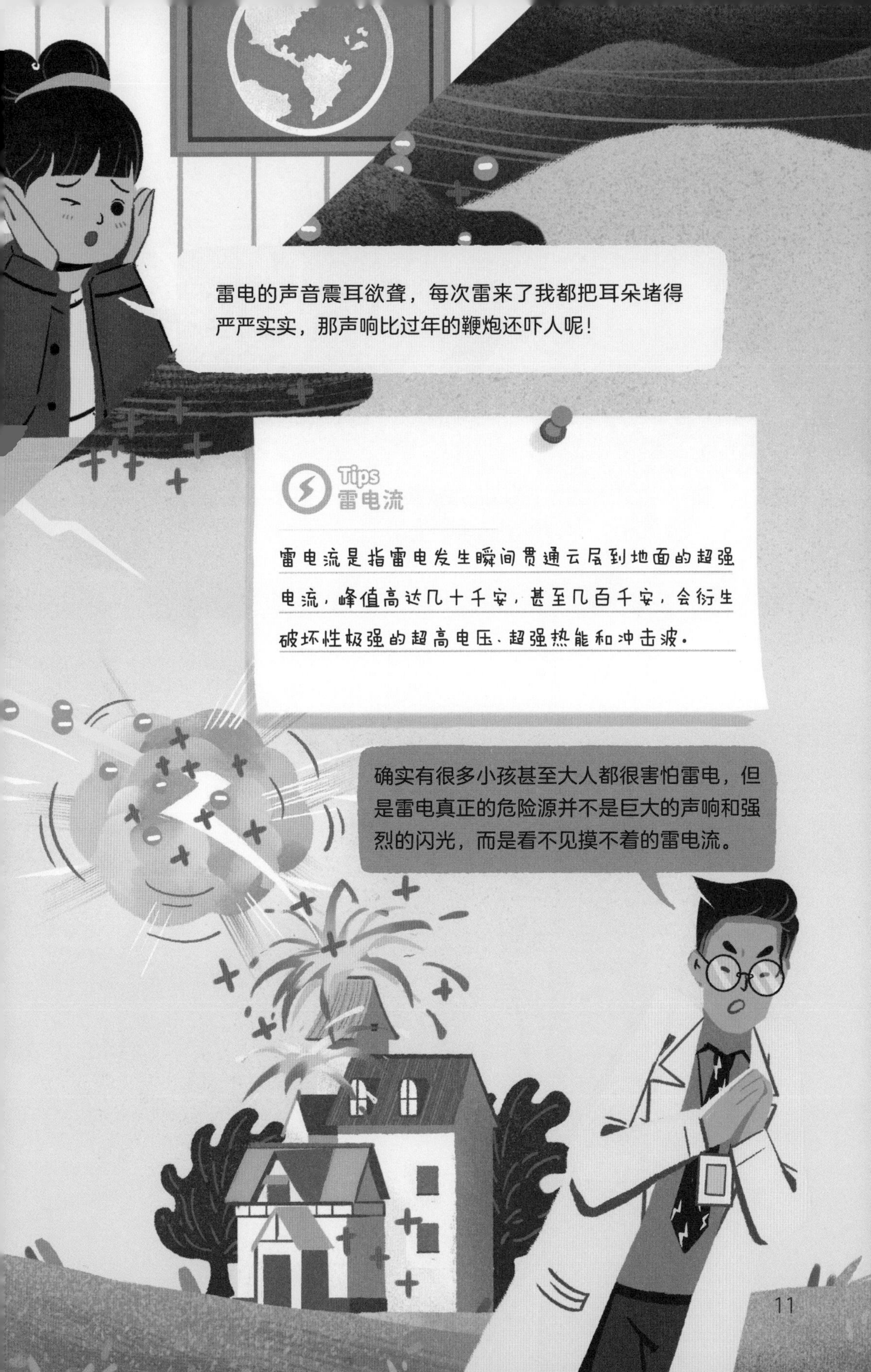
雷电的声音震耳欲聋，每次雷来了我都把耳朵堵得严严实实，那声响比过年的鞭炮还吓人呢！
Tips
雷电流
雷电流是指雷电发生瞬间贯通云层到地面的超强电流，峰值高达几十千安，甚至几百千安，会衍生破坏性极强的超高电压、超强热能和冲击波。
确实有很多小孩甚至大人都很害怕雷电，但是雷电真正的危险源并不是巨大的声响和强烈的闪光，而是看不见摸不着的雷电流。

听起来雷电比枪炮还要威猛呢，
被雷电抓住可就遭殃啦！
房屋倒塌
大树燃烧
同学们说得很对！被雷电直接击中非常
危险，这就是我们常说的直接雷击。
油库爆炸

Tips
直接雷击

直接雷击是指在雷电活动区内，雷电直接通过人体、建筑物、设备等对地产生的电击现象。

那我们只要躲起来，避免被雷电击中，不就安全了吗？

躲过了直接雷击，还需要警惕间接雷击的伤害。同学们，你们觉得雷雨天可以在大树下躲雨吗？

一 如果树很大、枝叶茂密，我们躲在树下就淋不到雨了吧。
一 可是，听妈妈说，雷雨天时在树下躲雨也有危险呢。
一 怎么会有危险呢？大树可以给我们遮风挡雨呀！

有位同学说得很对，不能躲在大树下。野外的孤立大树比周边物体高，所以更容易吸引雷电。如果雷电击中大树，可能会引发间接雷击。

Tips 间接雷击

间接雷击是指因雷电电磁感应作用，以雷电波侵入、辐射电磁场、反击等方式造成建筑物、设备损坏或人身伤亡的电击现象。人体遭受间接雷击的形式主要包括接触电压、旁侧闪络和跨步电压等。

Tips
旁侧闪络
如果人站在被击中物体旁边，人体的头部或者肩部与被击中物体的导电通道距离过近，由于人体电阻较小，雷电流可能击穿空气经过人体泄放入大地，人体就会受到旁侧闪络的伤害。
Tips
接触电压
当雷电流通过高大物体，如高建筑物、树木等时，强大的雷电流会在高大导体上产生高达几万到几十万伏的电压，人不小心触摸到这些物体时，就会受到接触电压的袭击。

Tips 跨步电压

当雷电击中地面时，雷电流通过各层土壤向外扩散，就会在地面上产生危险的高电位差。如果人站在雷击点附近，其两脚间的电位差就会产生跨步电压，对人体造成伤害。

雷博士的演讲接近尾声，但同学们提问的热情丝毫不减。

我看大家对雷电的好奇心都非常强烈呀。
我们追雷小分队马上要去开展雷电观测活动了，感兴趣的同学可以一起去，大家可以在实践中找到答案。
雷电探测站
产品功能：探测雷电电磁脉冲信号
产品规则：220V/50Hz
出厂日期：2023年5月
我
我
我

02 追雷行动安全培训

本章以老师和同学们走进雷电实验室接受追雷行动安全培训为线索，重点介绍雷击风险判断方法、户外安全躲避地点、雷击急救方法等雷电灾害避险常识。

今天，安老师带着我和叶雨宁去雷电实验室参加追雷行动安全培训，不知道有没有机会近距离感受雷电呢？

我们到啦。请大家带好随身物品，
准备下车了哦。

看，是雷博士！

这位是我们的关工程师，今天
就由他带着大家一起参观学习。
同学们好，欢迎你们来到雷电实验室。
话不多说，直接开启我们的探索之旅吧！

Tips
雷电预警系统

雷电预警系统是指能够预测雷电活动发生情况及趋势，对保护对象提前发出雷电预警信息的系统。

我知道了，就像爷爷每天看的天气预报一样。天气预报告诉我们第二天要不要加衣服、带雨伞，这个系统可以告诉我们哪里有雷电。
没错，天气预报告诉我们某一区域是否出现雷雨天气，对于追雷行动来说精确度不够，但日常生活中够用啦。
原来是这样，晓雷，以后我们约着一起出去玩，可要记得先看看天气预报哦！
是呀！如果天上乌云密布，表明快要下雨了，我们也不能出去玩哦！

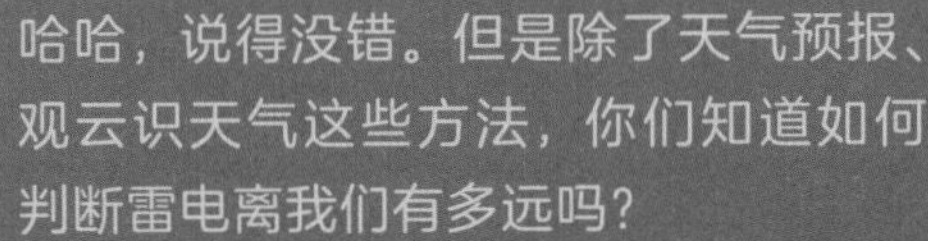

哈哈，说得没错。但是除了天气预报、观云识天气这些方法，你们知道如何判断雷电离我们有多远吗？

另外，打雷的时候，你们是先听到雷声还是先看到闪电呢？

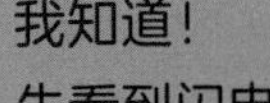

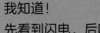

我知道！
先看到闪电，后听到雷声。

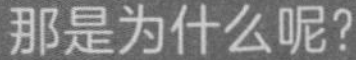

那是为什么呢？

我猜是因为眼睛长在耳朵前面，所以先“看”到啦！

叶雨宁这个想法好像也有点道理。不过其实闪电和雷声是同一时间从雷电发生位置出发的，只是光速远大于声速，所以我们看到闪电后才会听到雷声。

“30-30”原则

我们可以通过声光差乘以声速来估计雷电距离，在这里向大家介绍一个“30—30”原则。

第一个“30”，是指当雷电声光差小于30秒时，意味着雷暴云团离你很近，说明雷电风险已经来临，我们需要尽快躲入室内。

第二个“30”，是指当听到最后一声雷声后，在室内至少待30分钟。如果你所在区域上空的乌云逐渐消散，说明雷电风险已经远离，我们就可以外出活动啦！

30—30，我可要牢牢记住这个数字，以后出去玩就能自己判断风险啦！

Tips
声光差

声光差是指看到闪电与听到雷声之间的时间差。声光差乘以声速就是雷电距离，声速一般为340米/秒。

雷电较远时
雷电声光差小于30秒时
听到最后一声雷声后，
在室内至少待30分钟

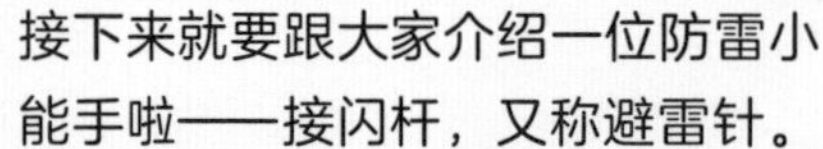

接下来就要跟大家介绍一位防雷小能手啦——接闪杆，又称避雷针。

为什么叫避雷针呢？
雷电见到它会躲开吗

事实上，避雷针可不会避开雷电，反而会引雷上身。

Tips
接闪杆

接闪杆，又称避雷针。当雷电击中接闪杆，接闪杆与引下线、接地体连通将雷电流泄放入大地，从而保护建筑物免受雷电的损坏。

其实呢，雷电喜欢高耸、带尖端、易导电的物体，大家可以猜猜雷电更容易击中哪里呢？

高耸
带尖端
易导电

- 雷雨天气不能爬山，山那么高，雷电肯定喜欢它。
- 有些雨伞顶部带有金属尖端，雷雨天气在空旷场地举着它也可能有危险呢！
- 还有路灯，它也很高，而且灯杆可能是由金属制成的，更易导电呢。

大家举的这些例子都很对，在平时遇到雷雨天气一定要远离这些雷电喜欢的物体，小心被波及。

知道啦，当遇到雷雨天气，我们要尽快躲进安装了避雷针的屋子里。

我上次在外面踢球，突然下起雨，可怎么也找不到躲雨的地方，如果遇到这种情况该怎么办呢？
6

晓雷问得很好，确实会有这样的情况发生。如果遇到这种情况，我们可以就近躲进车内并关紧车窗。

如果周围没有安全躲避场所，我们首先要迅速远离地势高的地点以及高耸、带尖端、易导电的物体，其次通过安全避雷姿势来保护自己。
Tips
安全避雷姿势
安全避雷姿势是指保持双脚并拢、蹲下，头部尽可能与地面接近，手臂环抱腿部。
轻度伤害者常常只是被雷击震晕，但可能会出现持续几个月的知觉异常和肌肉疼痛。
中度伤害者会产
几个小时的意识障
伴有闪电性麻痹，
可能存活下来，但
永久性后遗症。

受伤人员常出现心脏
虽然心肺复苏可能会
但一般会发生直接脑
通常为钝挫伤、颅骨
颅内损伤。
利希滕贝格图形
关工程师，照片上这个人的胳膊是怎么回事？
这其实是受到雷击后人体表面产生的红斑性树枝状纹路，绝大部分雷电流是沿着身体表面流过而不经过身体内部，它会使红细胞从毛细血管渗透至表皮，导致皮肤看起来像被擦伤了一样。
急救知识

急救步骤

Step-by-Step CPR Guide

心肺复苏术

CPR

Cardiopulmonary Resuscitation

1

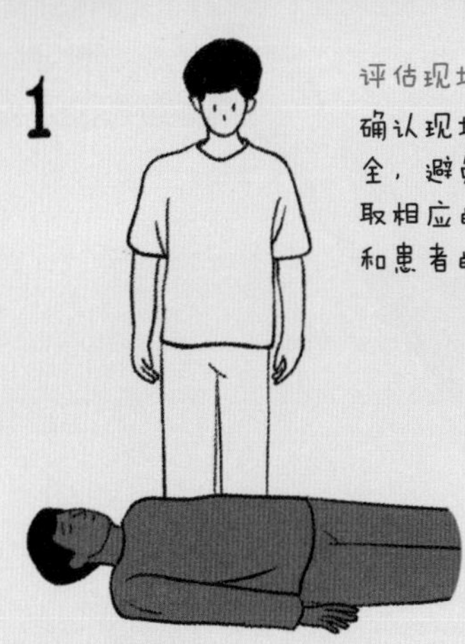

评估现场环境

确认现场及周边环境是否安全，避免二次伤害，同时采取相应的防护措施确保自身和患者的安全。

2

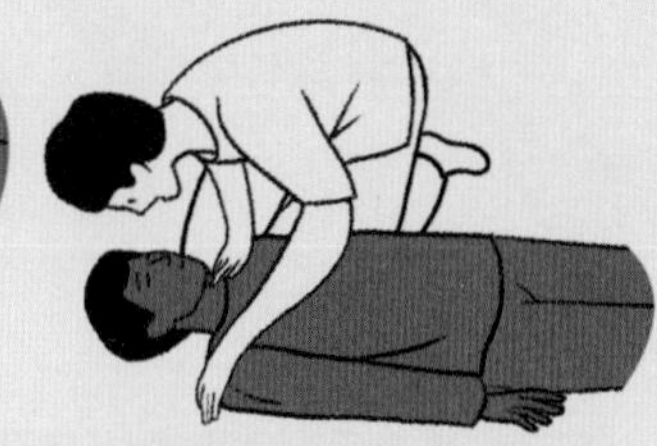

判断意识和呼吸

轻拍伤者双肩，患者无动作或应答，即判断为无反应、无意识。检查患者呼吸情况，如无呼吸或呼吸不正常，应立即拨打120，并进行CPR。

3

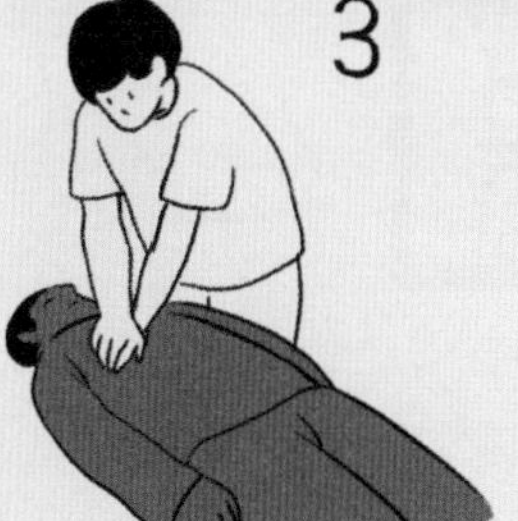

胸外按压

双手掌平放在胸骨下方，连续按下至少5厘米深度，以每分钟100到120次的速度进行按压。保持正确的力度和节奏，确保胸廓充分回弹。

4

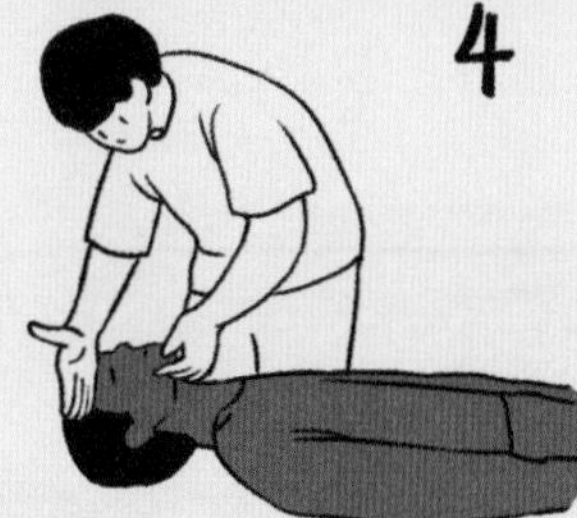

开放气道

检查口腔有无异物，如有异物将其取出。用仰头举颏法开放气道，通常使患者下颌角及耳垂的连线与水平面垂直。

5

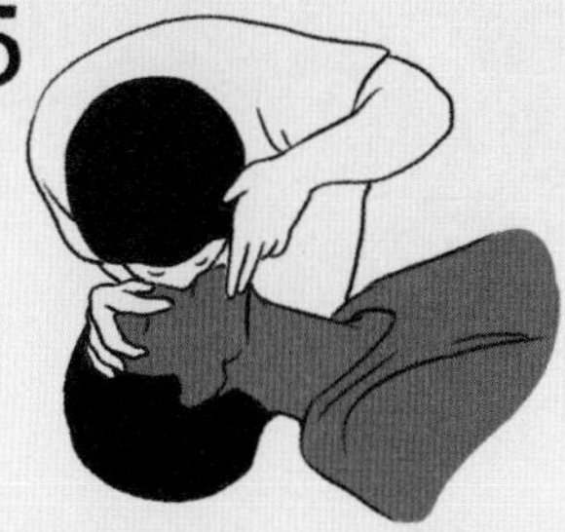

人工呼吸

将伤者头部轻轻后仰，捏住鼻子，用口对口或口对鼻的方式进行两次人工呼吸。每次人工呼吸时应确保患者的胸部有起伏。

6

持续循环

持续进行30次胸外按压和2次人工呼吸的循环（称为30:2），直到急救人员到达或患者恢复意识和正常呼吸。

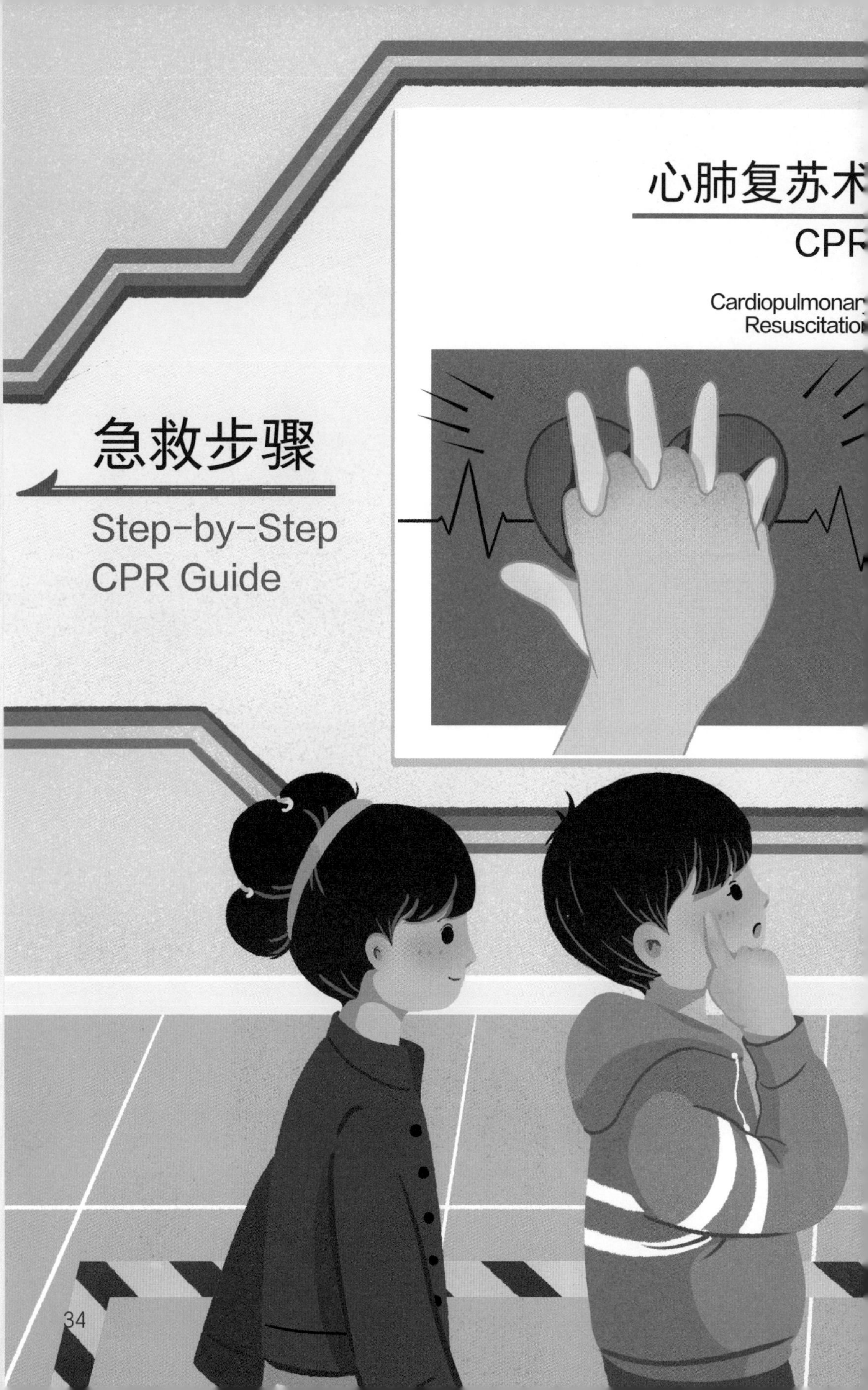

胸外按压要点

按压位置

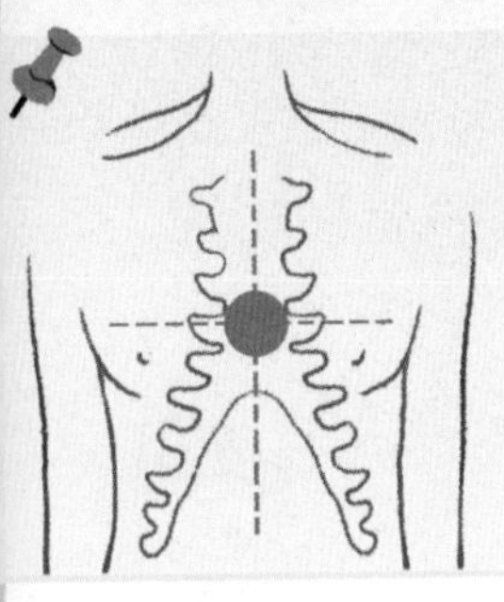

双乳头连线与胸骨交界处

按压手势

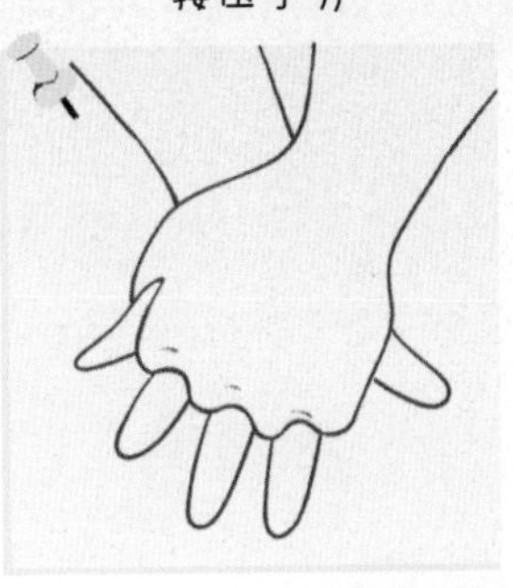

一只手掌压在另一手背上

按压深度

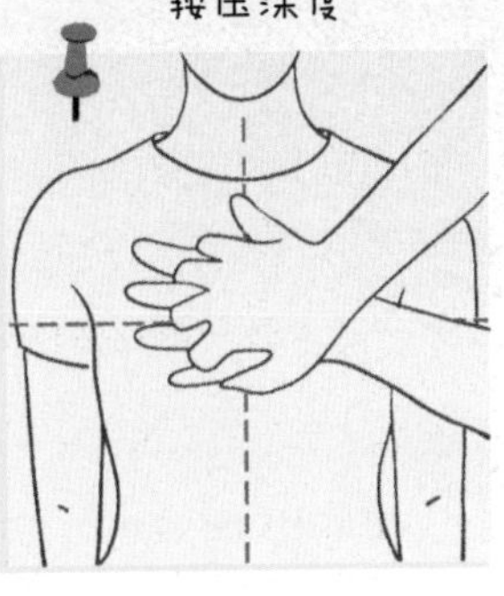

成年人5~6厘米

按压频率

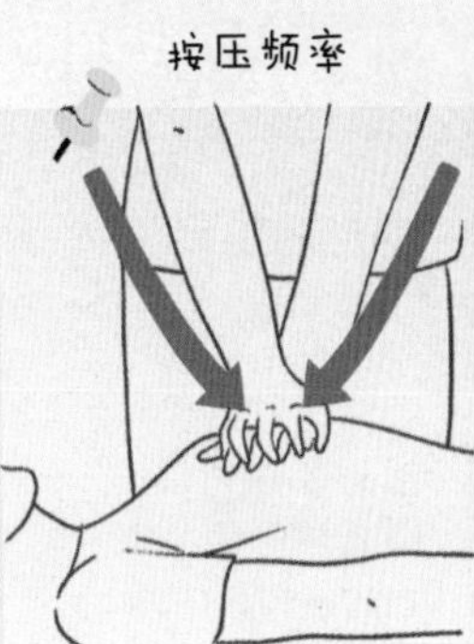

100~120次/分钟

然，我们不希望任何人受到
电的伤害，但是万一发生了
外，掌握救助方法至关重要。

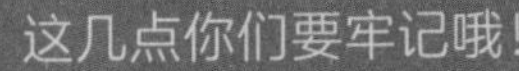

这几点你们要牢记哦！

1. 立即拨打120急救电话。
2. 根据受伤的程度采取适当紧急治疗措施——心肺复苏术。

这里需要强调一点：和触电的人不一样的是，被雷击后的人，身体是不带电的，我们可以对他进行力所能及的救助。

不知不觉，已经走到了实验室的尽头，我们一天的参观学习也接近尾声，虽然心里各种不舍，可是一想到明天就要去追雷了，我们又开始期待起来。

03

亲历追雷避险体验

本章通过开着汽车去追雷、走进山区观测雷、躲入帐篷等待雷、临近水边躲避雷等系列故事，讲述汽车内、山区、露营时、水域等多种户外场景的雷电灾害避险常识。

吃过午饭，安老师带着我和叶雨宁在学校门口等候。不一会儿，就看到关叔叔开着一辆很有特色的汽车载着雷博士朝校门口驶来。

雷博士，车顶上安装的就是雷电预警装置吧？

是啊，通过它监测到大气静电场信号后，
我们就可以提前知道周边会不会发生雷电。

那个是不是避雷针啊？
好像是呢！但是跟我们
实验室看到的不一样。
这也是避雷针，是我们最常见的接闪器。其实，接闪器还有很多种，比如接闪线、接闪带、接闪网，都可以通过承接雷电起到保护建筑物的作用。
你们俩注意安全呀！
不要把头、手伸出车窗外。

接闪器分类

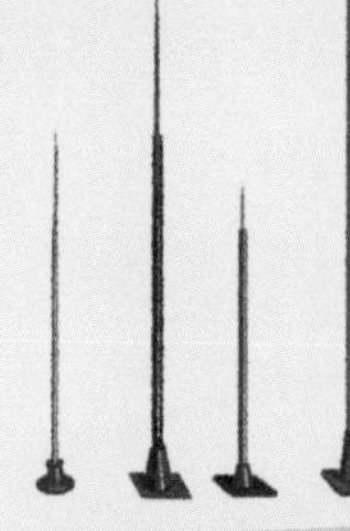

接闪杆

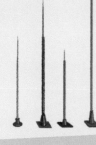

接闪杆，又称避雷针，是安装在建筑物顶端的裸露金属棒，通过钢筋、扁铁等金属导体与埋在地下的金属网连接，吸引雷电击中自身，将雷电流安全泄放入大地，从而起到保护建筑物的目的。

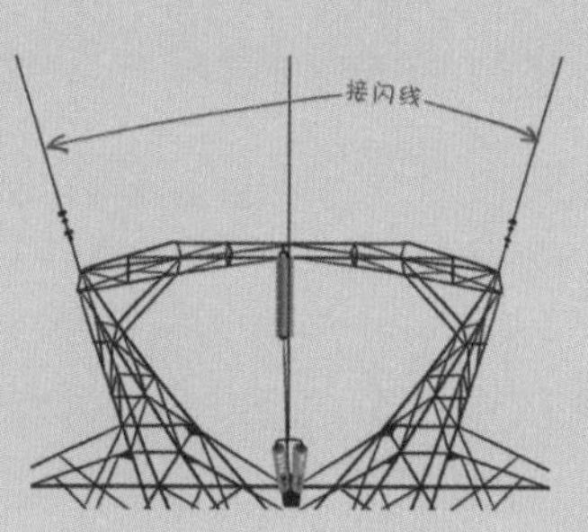

接闪线

接闪线，又称避雷线、架空地线，是沿输电线路架设在杆塔顶端并有良好接地的金属导线，主要用于保护电网中的输电线路及其周围的设施。

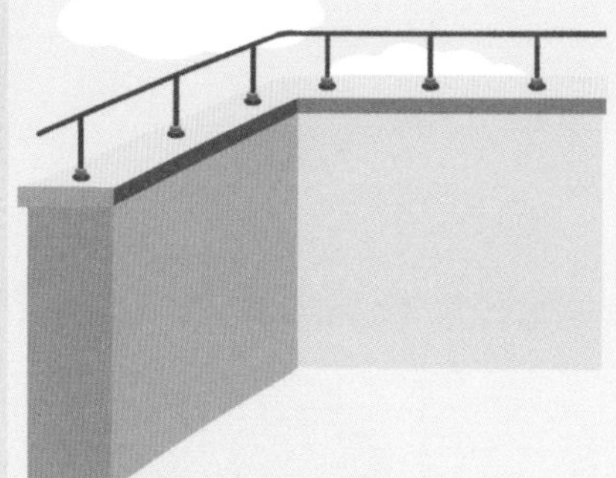

接闪带

接闪带，又称避雷带，是由圆钢或扁钢做成的长条带状体，常装设在建筑物易受直接雷击的部位，如屋脊、屋檐(有坡面屋顶)、屋顶边缘或平屋面上。它的作用相当于接闪杆，由于保护面积大而且不显眼，适用于对美观有要求的建筑物。

接闪网

接闪网，又称避雷网，由接闪带和接闪杆联合组成，呈网状结构。当需要保护的屋顶面积太大，接闪杆或沿屋顶外沿围成一圈的接闪带都不能满足保护要求时，可以在屋顶地面的中间位置多架设一些接闪带，与接闪杆或者外沿接闪带连接在一起，可以实现对建筑物的全面保护。

这时候，车里广播响起：

昨日晚间，一架计划从A市飞往B市的客机在起飞后遭遇雷雨天气，随后取消原定飞行计划，已安全返回A市机场。

另据气象台消息，预计未来1~2小时有雷暴云团从我市西南部朝东北方向移动，部分区域可能出现雷暴大风，请各位市民朋友注意防范。

外面开始响雷了，雷电真是太可怕了，呜呜呜……
宁宁不怕啊，坐在车里是安全的。晓雷，赶紧把车窗关上。

我记得，我们在实验室参观时关叔叔强调过，在车上要关闭车窗。这是为什么呢？

汽车外壳是金属制作的，如果车窗车门紧闭，就形成了一道“金钟罩”，可以保护住我们。

你们看，路口有车剐蹭了，交通信号灯也异常啦！
我猜是雷击导致信号灯出现暂时失灵，事故双方都没注意到，就剐蹭了。
雷雨天气视线不好，地面湿滑，大家更得注意交通安全。
这种时候还是要尽快到室内躲避，或者出行前看天气预报，尽量避开雷雨天气外出。
那我们要调头回家吗？
不，我们此番出行就是为了追雷的，我们团队有丰富的户外避雷经验，一定会保护好大家。

一路上伴随着小雨和雷电，我们来到了山脚下，这里还没下雨呢。车子一停稳，关叔叔就打开后备厢，在山洞口架起了三脚架，调整好照相机的拍摄角度。

关叔叔，您这台照相机
是干什么用的?
这可不是普通的照相机，我们这台是高
速摄像机，1秒可以拍摄10万张雷电照
片，为我们展现雷电发展过程。

雷博士，这里视野有点不好，雷电在
市区方向，被山挡住了。
咱们到山顶拍吧！
使不得，雷雨来临时在山顶逗留是一种危险行为。
山顶离云层近，是雷电容易击中的制高点。

这时，雷博士手机响起。他赶紧打开手机，我和叶雨宁凑近一看，只见手机上面有些抖动的线条。

小关，咱们还是在原地等等吧，不用挪了，我们附近已经有雷电发生了。
您怎么知道的，这是什么？
这是观测车远程传来的大气静电场波形，这条曲线突然快速抖动就表明附近有雷电活动发生了。你们看，曲线抖动的幅度越来越大，表明雷暴云团离我们越来越近了。

关叔叔一听，赶紧把高速摄像机挪到车内，透过车窗拍摄雷电。

雷电终于来了！这次雷电过程拍得很完整！

走，咱们去关叔叔那边看看拍到的雷电。
回来蹲下！现在走出洞口太危险了！你们忘啦，如果刚好有雷电击中你们附近的地面，雷电流可能会经过身体产生跨步电压。

安全
那真是太危险了！所以我们就这样蹲着吗？
是的，咱们蹲在山洞里最安全。
除了双腿并拢蹲着，我们还可以金鸡独立，
也就是单脚支地，这样能避免跨步电压。

在洞口最好也不要触碰岩石，如果雷电击中山体，触摸岩石可能受到接触电压的袭击。

孩子们，雨要飘进来了，咱们往山洞里靠一靠。

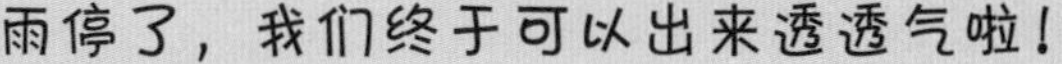

从大气静电场波形来看，曲线抖动幅度小而且线条平缓，可以推断暂时不会打雷了。

据气象台预报，今天傍晚可能还有
次雷暴大风过程，先搭个帐篷歇歇吧

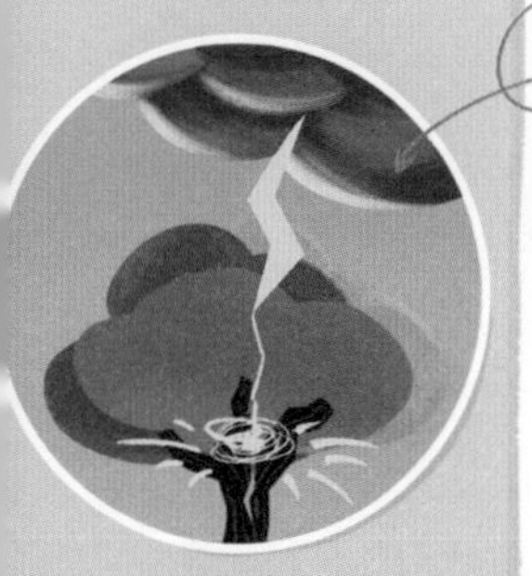

Tips
雷击大树现象

雷击大树是指雷电击中高耸大树的放电现象，可能导致树木枝干断裂倒塌、爆炸起火甚至引发森林火灾。由于树木导电性较差，当它们被雷电击中时，从它们"身体"流过的雷电流受到很大的阻力，从而产生高温让树中的水分变成蒸汽并迅速膨胀，当树木无法承受时就会从中间裂开，甚至爆炸起火。

看样子可能是被雷击中了。

雷博士，这棵树怎么了？

那咱们可不能挨着大树搭帐篷呀！

避雷针
避雷线
老师，你看那高高的塔是什么呀?
它们可真高啊，还是金属做的，
这可是雷电最喜欢的啦!
那是输电杆塔，为我们送电的。
是的，你们看输电线路和输电杆塔上
方也安装了避雷线和避雷针，它们可
以将雷电流引入大地，雷来了也不怕。

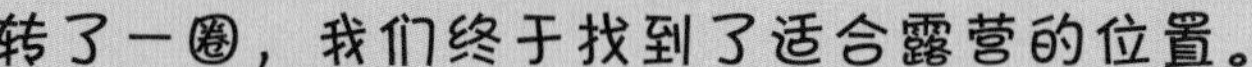

转了一圈，我们终于找到了适合露营的位置。

宁宁，如果是打雷的下雨天，这样扛着金属杆跑是很危险的哦！

是的，打雷的时候最好不要撑带有金属尖端的伞，农民伯伯也不能扛着锄头在外面走，这些都很容易遭到雷击。

对的，晓雷真棒！可以活学活用。

如果雷电距离我们很近了，还是要躲入汽车内，但如果我们离汽车较远，也可躲在帐篷里，并与帐篷的金属支撑杆保持一定的距离。
雷博士，如果露营时遇到打雷下雨，该怎么办呢？
终于可以坐在帐篷里休息啦，真舒服啊！

看来今天我们可以收工啦，今晚先去民宿休息，希望明天回学校之前能再收集一些雷电数据。
我们明天才回去吗？赶得上参加散学典礼吗？
我还被选中在散学典礼上做户外雷电灾害避险知识分享呢！
没关系，散学典礼是明天下午2点开始，一定来得及。

终于找到民宿了，我和雷博士住一个房间。我想洗个热水澡，但突然想起爸爸说打雷时不能洗澡。
雷博士，雷雨天气到底能不能洗澡呢?
打雷下雨天并非都不能洗澡，只是最好不要用太阳能热水器洗澡。不过现在外面没有打雷，你赶紧去洗吧!
Tips
雷击热水器现象
雷击热水器是指雷电击中安装在屋顶上的太阳能热水器的放电现象，可能引发屋内洗澡人员的伤亡。为了获得更多的阳光照射，太阳能热水器常被安装在屋顶上较高的位置，有可能超出建筑物雷电防护装置的保护范围，从而极易遭受雷电直击。而热水器与室内喷头通过金属构件相连通，因此，击中热水器的雷电可能传导至室内喷头，伤害正在洗澡的人。

晓雷，你洗好了吗？我刚才好像听到几声雷声。

打雷了，我们在屋里总是安全的吧？

那当然了，可家里的电视、冰箱等怕不怕雷呢？

不用担心，防雷器可以保护家电！

Tips 电涌保护器

电涌保护器，俗称防雷器，是一种电子设备雷电防护装置，其作用是把窜入电力线、信号传输线的瞬时过电压限制在设备或系统所能承受的电压范围内，或将强大的雷电流泄放入大地，保护设备或系统免受雷电损坏。

关闭门窗
远离金属
Tips
球形雷
球形雷，又称球状闪电、滚地雷，形似一团发光的火球，可能在近地面的低空中随气流起伏漂浮，也可能沿地表滚动，甚至可能通过开着的门窗进入室内。它十分罕见，但危害较大。
那我们在室内就万无一失了吧？
不是的。打雷时，要关闭门窗，否则球形雷很容易窜入室内。

拔下电源插头
好啦！快 11 点了，我们
早点休息吧！
还要尽量远离金属通信线路
和金属管道等，尽量拔掉所
有的电器电源插头。

第二天一早晴空万里，我们赶紧开车返回学校。快到中午时分，我们来到一处湖边稍作休整，湖边有一座游艇造型的房子，这会儿有人在放风筝，有人在钓鱼，有人在游泳，还有人在湖边拍照，能在这里吃午餐真是太惬意啦！

大气静电场波形又开始有波动啦！
不好，可能又要打雷了。
安老师，快领着两个小不点儿躲到屋子里。小关，快，去把湖边、水里的人都喊回来躲一躲。

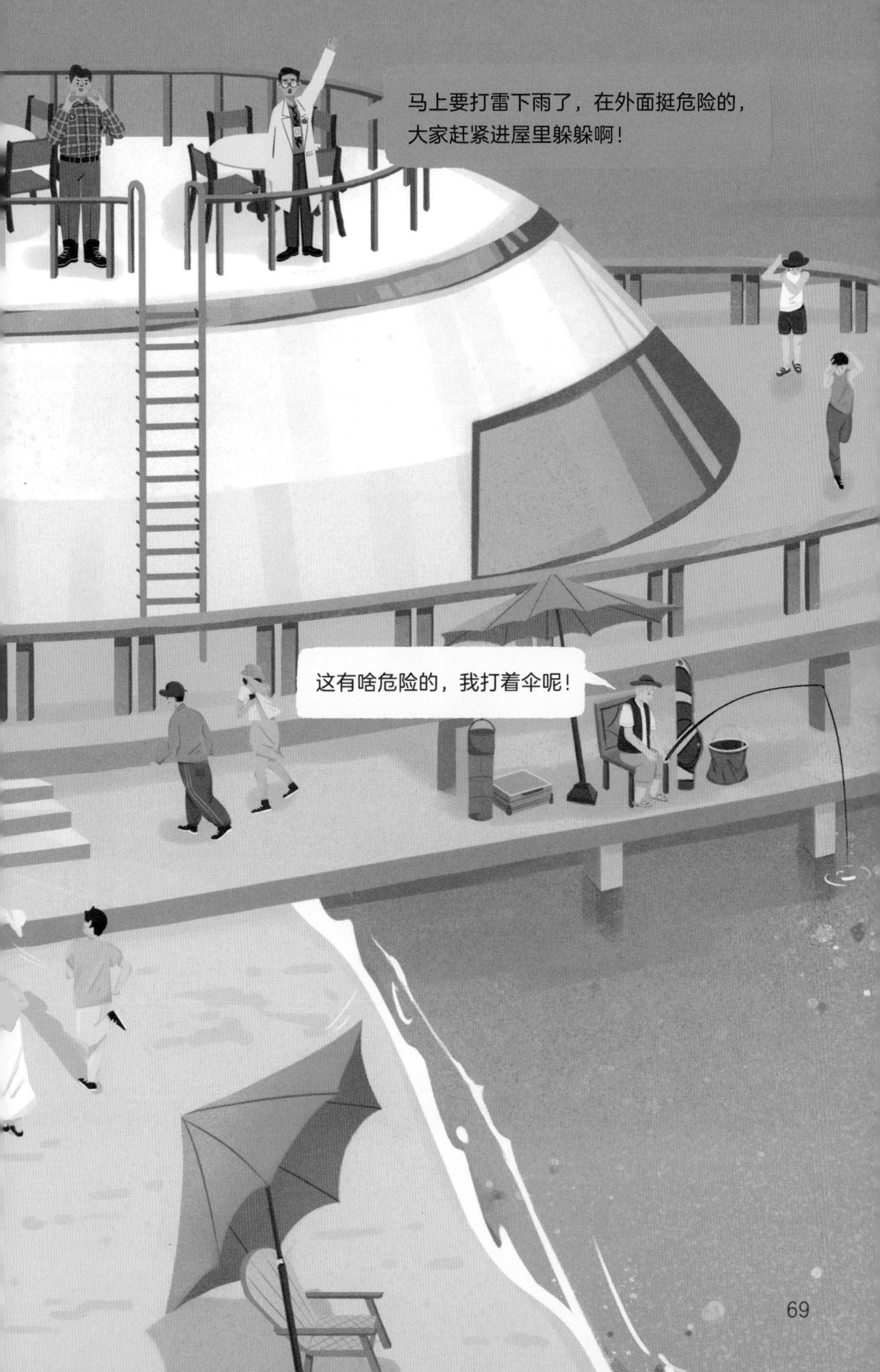
马上要打雷下雨了，在外面挺危险的，
大家赶紧进屋里躲躲啊！
这有啥危险的，我打着伞呢！

大叔，您快进屋吧！雷雨马上就要来，虽然您有伞遮雨，但钓伞的主干通常是金属材质，不仅没法保护您，还可能吸引雷电呢！

小关，赶紧把高速摄像机架上，准备观测。

你们看，远处已经开始打雷了。

我的鱼竿都掉进湖里了，
那可是我的宝贝，都怪
你们催得太急了。
大叔，我们也是为您好啊！外面马上要雷雨大
作了，鱼竿大都是导电的，手握鱼竿也可能会
引雷上身呀！
在这儿还是挺危险的，
我们还是进屋里吧！

大叔，雷雨天气时在水边停留是有风险的。因为河水或湖水的电导率较高，比地面其他物体更容易引雷，而且，水陆交界处会形成一个电阻率变化较大的界面，这个界面也是雷电容易击中的区域。因此，雷雨天要远离水岸边。

那我刚刚躲在凉亭里，是不是安全呢？
一般情况下，室外的凉亭都是敞开式的，而且没有采取雷电防护措施，依然有危险。

那我还经常在雨中游泳呢，这有什么危险呀？
如果是雷雨天气，在户外游泳的人也有被雷电击中的风险。
可我还可以潜水啊！躲进水里不就好了。
尽管在水下遭受直接雷击的风险低，但击中水面的雷电可能引起水的蒸发，产生冲击波，从而造成耳膜破裂、栓塞和意识丧失等伤害。另外，您浮出水面换气时依然有被雷电击中的风险。

幸好大家进来了，你们看，多危险！

拍到了！拍到了！
我还是第一次见到这么清晰完整的雷电照片，原来雷电还有这么多分叉呢！

你们是专业摄影师吗？
不，我们是中国追雷人！

04

追雷避险实践分享

本章以参与追雷活动学生的视角，总结分享户外雷电灾害避险知识，并通过学生在散学典礼上临危不惧应对雷电来临的表现，进一步肯定了同学们在实践中学习科普知识的意义和价值。

湖边的雷雨渐渐停了，一看时间都快12点半啦，我们赶紧收拾设备直奔学校，终于赶上了散学典礼。

同学们，我是刚刚追雷归来的李晓雷，非常感谢追雷小分队的科学家叔叔们，让我有机会与雷电亲密接触，我今天跟大家分享的主题是：户外雷电灾害避险知识。
当在户外遇到雷雨天气时，千万不要惊慌，我们可以观察周围情况，选择合适的躲避地点。首选安全避雷地点是安装有避雷装置的建筑物内，还有封闭的汽车里。但千万不要躲到大树下，因为雷电最喜欢的就是鹤立鸡群的高耸物体。

摸清了雷电的脾气，我们就能知道如何躲开它，
我总结了两条原则：
一是远离雷电喜欢出没的地方，比如操场、广
场、水边、山顶等空旷区域或者高地；
二是远离雷电喜欢的物品，比如金属杆、高尔夫
球杆、铁锄头等高耸、带尖端、易导电物体。

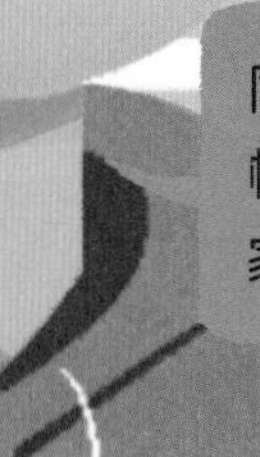

同时，根据这几天的亲身经历，我画了一幅画总结了几个户外防雷注意事项，请大家记住这些行为都是非常危险的。

户外雷电避险图

不宜在高耸独立的物体下停留

不宜在敞开式临时工棚内躲雨

不宜驾驶敞开式交通工具

不宜在水边或高地停留

不宜游玩户外高空娱乐项目

如果在户外找不到地方躲避，千万不要奔跑，因为如果步伐太大，有遭受跨步电压的风险。
我们要快速寻找附近较低的位置蹲下，降低自己的高度，以减小遭受雷击的可能性。同时双脚并拢，双手抱膝，胸口紧贴膝盖。

在这两天里，我还有幸参观了雷电实验室，认识了许多研究雷电的设备。
同时，在追雷过程中，也见识了高速摄像机拍摄雷电的过程，原来我们听到和看到的雷电既绚丽壮观又难以捉摸。

多亏不怕危险、勇于探索雷电的科学家叔叔们，才能让我们对雷电的认识越来越清晰，从而找到了更有效保护自己的方法。
但我还有很多问题没弄明白，例如，雷电的能量可以被人类利用吗？我们能够主动捕捉雷电吗？外太空中也存在雷电吗？

就在这时，远处又传来了轰隆隆的雷鸣声……

同学们，听到远处的雷声了吗？说明雷电离我们不远了，我今天先分享这么多，为了安全起见，大家还是先回教室吧！
曾经害怕雷电的叶雨宁在台下镇定自若，还能协助安老师组织同学们撤离操场，雷博士和关叔叔看着我们沉稳冷静的模样，都欣慰地笑了。

回到教室，看着乌云逐渐布满了天空，一阵狂风袭来，把我的思绪带入云层，我仿佛看到了云中的小电荷们正在蠢蠢欲动，酝酿着再一次冲破云层汇入大地。对雷电认识越多，我对它的敬畏心和探索欲反而更强。希望有一天，我也能成为追雷小分队的一员，把雷电身上的奥秘一一揭开……